BEI GRIN MACHT SICH IHR WISSEN BEZAHLT

- Wir veröffentlichen Ihre Hausarbeit, Bachelor- und Masterarbeit

- Ihr eigenes eBook und Buch - weltweit in allen wichtigen Shops

- Verdienen Sie an jedem Verkauf

Jetzt bei www.GRIN.com hochladen und kostenlos publizieren

Bibliografische Information der Deutschen Nationalbibliothek:

Die Deutsche Bibliothek verzeichnet diese Publikation in der Deutschen National-
bibliografie; detaillierte bibliografische Daten sind im Internet über http://dnb.d-
nb.de/ abrufbar.

Impressum:

Copyright © 2011 GRIN Verlag, Open Publishing GmbH
Druck und Bindung: Books on Demand GmbH, Norderstedt Germany
ISBN: 978-3-668-03429-7

Dieses Buch bei GRIN:

http://www.grin.com/de/e-book/303790/solarthermie-komponenten-und-ausprae-
gung-der-solarthermieanlagen

Daniel Will

Solarthermie. Komponenten und Ausprägung der Solarthermieanlagen

GRIN Verlag

Inhaltsverzeichnis

1. Einführung in die Solarthermie

Das Thema erneuerbare Energie ist seit dem havarierten Reaktor in Fukushima, Japan, aktueller denn je. In der deutschen Politik wurde nach den dramatischen Bildern aus dem zerstörten Atomkraftwerk heftig über umweltfreundliche Energiegewinnung debattiert. Ursprünglich bereits genehmigte Laufzeiten für alte Atomkraftwerke wurden zurückgezogen, und die Politiker beschlossen einen schnellen Ausstieg aus der Atomenergie. Als Ersatz für die Atomkraft wird die Stromgewinnung aus Wind und Sonne favorisiert.

Eine weitere sehr interessante Form der Energiegewinnung ist die Solarthermie. Hierunter versteht man die Erwärmung von Brauchwasser, sowie die Heizungsunterstützung mit Hilfe der Sonnenenergie. Die vorliegende Arbeit beschäftigt sich ausführlich mit dem Thema Solarthermie. Dabei wird zunächst ein Überblick über die geschichtliche Entwicklung von Solarthermieanlagen gegeben. Danach erfolgt die Vorstellung der notwendigen Bestandteile einer solchen Anlage. Im weiteren Verlauf werden die verschiedenen Kollektorarten beschrieben und anschließend wird die Funktion eines Flachkollektors an einem selbst gebauten Modell aufgezeigt. Als Abrundung folgt ein Vergleich zweier unterschiedlicher Solarthermieanlagen unter wirtschaftlichem Aspekt.

Bei der Frage nach der Nutzung der Solarthermie geht es in erster Linie um die Sonneneinstrahlung. Betrachtet man Deutschland, so zeigt Abbildung 1, dass der größte Ertrag im Süden zu erwarten ist. Ein Blick auf die Weltkugel macht deutlich, dass die ertragreichsten Gebiete im Bereich des Äquators liegen.

Abbildung 1 zeigt die Sonneneinstrahlung sowohl in Deutschland[1] als auch global[2]:

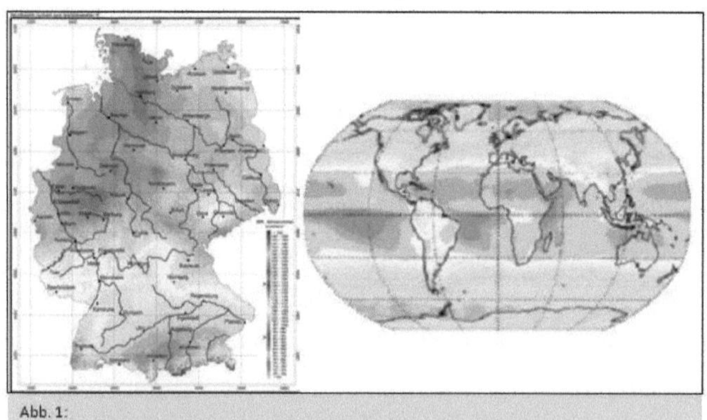

Abb. 1:
Sonneneinstrahlung in Deutschland[1] und weltweit[2]

---

[1] http://www.pv-ertrag.com/bilder/globalstrahlungskarte.jpg (23.04.2011)
[2] http://www.tcidg.de/agenda21/assets/images/Erde.jpg (23.04.2011)

2. Geschichtlicher Rückblick

Der Wunsch des Menschen, Wasser mit Hilfe der Sonnenenergie zu erhitzen, existierte bereits seit der Antike. Mit Hilfe von Brenn- bzw. Hohlspiegeln wurden Lichtstrahlen so geschickt fokussiert, dass man damit Wasser erhitzen konnte. Im frühen 20. Jahrhundert begann dann die eigentliche Entwicklung der Solarthermie. Der erste, richtige Solarkollektor wurde im Jahre 1908 von William J. Bailley erfunden. Dieser Kollektor wurde in einer isolierten Kiste montiert und bis zu 60.000-mal hergestellt. Bereits 1916 wurde vom amerikanischen Astrophysiker Dr. Charles Greeley Abbot ein Solarofen (s. Abb. 2) entwickelt, der mit Hilfe der Sonne Öl auf über 150°C erhitzen konnte. Im Jahre 1930 gab es dann bereits den ersten mit

Abb. 2: Solarofen von Dr. Charles Greeley Abbot, 1916

Solarenergie betriebenen Mini-Elektromotor. Drei Jahre später entstand zudem das erste Passiv-Solar-Haus. Im Jahre 1958 wurden mit einem 2 kW-Ofen Temperaturen von etwa 3.000°C bis 4.000°C erreicht. 1962 konnte die Temperatur auf 6.500°C gesteigert werden.[3]

Heute gibt es im Wesentlichen drei verschiedene Sonnenkollektormodelle:

Die „älteste" Form der in der heutigen Zeit noch verwendeten Kollektoren ist der Flachkollektor. Dieser ist sehr weit verbreitet. Einige Jahre später wurden die Vakuumröhrenkollektoren entwickelt. Diese Kollektorart ist im Vergleich zu den Flachkollektoren energieeffizienter. Sie hat zudem einen höheren Wirkungsgrad. Bei sehr großen Anlagen kommen Parabolrinnenkollektoren zum Einsatz.[3] Die Unterschiede zwischen den einzelnen Kollektortypen werden im Kapitel 5 der Arbeit dargestellt.

3. Wichtige Komponenten einer Solarthermieanlage und deren Funktionsweise

Alle Arten von Kollektoren haben eines gemeinsam: Sie sind alleine für sich gesehen nur ein kleiner Teil eines komplexen Systems – aber dennoch ein ganz wichtiger Bestandteil einer Solaranlage, da über die Kollektoren die Sonnenenergie aufgenommen wird. Je effizienter die Kollektoren arbeiten, umso höher ist der Ertrag,

---

[3] vgl. http://www.buch-der-synergie.de/ (25.04.2011) Entsprechende Unterseiten (URLs) siehe Literaturverzeichnis (-> Quellen)
 Abb. 2: http://www.buch-der-synergie.de/c_neu_html/c_04_02_sonne_geschichte_2.htm

der genutzt werden kann. Eine Trägerflüssigkeit (Wasser-Glykol-Gemisch), die durch die Solarkollektoren aufgeheizt wird, nimmt die Sonnenenergie in Form von Wärme auf. Die heiße Flüssigkeit wird anschließend mit Hilfe einer Pumpe zum Wärmetauscher transportiert. Dieser befindet sich meist in einem Speicher, in dem das Brauchwasser bereitgestellt wird. Über den Wärmetauscher wird das Brauchwasser erhitzt. Das Wasser-Glykol-Gemisch überträgt bei diesem Vorgang seine Energie und kühlt sich ab. Durch die Pumpe wird die Flüssigkeit wieder aufs Dach in die Kollektoren transportiert, wo sie erneut durch die Sonne erwärmt wird. Der Kreislauf beginnt dann von vorne. Sollte die Sonnenenergie, zum Beispiel an bedeckten Tagen, nicht ausreichen, um das Brauchwasser auf die gewünschte Temperatur zu erhitzen, so übernimmt diese Aufgabe ein Heizkessel. Dieser erwärmt, durch die Verbrennung von Öl oder Gas, das Wasser auf die Wunschtemperatur. Das erwärmte Brauchwasser steht dann an den verschiedenen Verbrauchsstellen im Haus zur Verfügung.

Neben Solarthermieanlagen für die „reine" Brauchwassererwärmung gibt es auch solche, die für die Heizungsunterstützung im Frühjahr bzw. Spätsommer genutzt werden können. Während des Winters ist allerdings die Leistung einer Solarthermieanlage für die Unterstützung der Heizung meist zu gering, da die Sonneneinstrahlung häufig nicht genügt, um die Sonnenkollektoren ausreichend zu erhitzen. Oftmals sind die Kollektoren im Winter auch mit Schnee bedeckt und können somit keinen Ertrag liefern. Die folgende Abbildung zeigt eine vollständige Solarthermieanlage mit ihren Bauteilen, die einzelnen Komponenten werden nachfolgend beschrieben. In diesem Beispiel wird eine Solarthermieanlage mit Heizungsunterstützung vorgestellt.

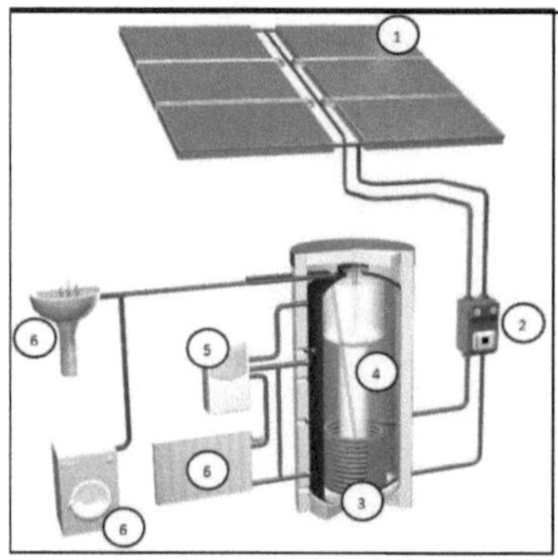

Abb. 3: Aufbau einer Solarthermieanlage[4]

---

[4] http://www.selztal-solar.de/assets/images/2-2_schema-solarthermie1.jpg (08.08.2011)

3.1 Kollektoren

Zu Abb. 3, Markierung (1)

Die Kollektoren sind bei einer Solarthermieanlage die wichtigsten Bestandteile, sie werden ausführlich im Kapitel 5 dargestellt.

3.2 Pumpe

Zu Abb. 3, Markierung (2)

Mit Hilfe der Pumpe wird die erhitzte Absorberflüssigkeit zum Wärmetauscher, welcher sich im Trinkwasserspeicher (Abb. 3, Markierung (4)) befindet, geleitet. Außerdem übernimmt die Pumpe damit zugleich die Aufgabe, die abgekühlte Absorberflüssigkeit auf das Dach in die Kollektoren zu transportieren. Die Laufzeitpunkte der Pumpe werden durch eine elektronische Steuerung festgelegt. Dabei wird die Temperaturdifferenz zwischen der Absorberflüssigkeit auf dem Dach und der Flüssigkeitstemperatur am Wärmetauscher zugrunde gelegt. Beim Erreichen eines bestimmten Temperaturunterschiedes (meist 8°C) wird die Pumpe aktiviert.

3.3 Wärmetauscher

Zu Abb. 3, Markierung (3)

Im Wärmetauscher kommt schließlich die erhitzte Absorberflüssigkeit in einer isolierten Röhre an. Diese Röhre ist, wie in Abb. 3 erkennbar, spiralförmig und befindet sich im unteren Bereich des Speichers. Die Außenschicht der Röhre hat direkten Kontakt mit dem Trinkwasser, welches im Speicher gelagert ist. Somit ist sichergestellt, dass die Wärme der Absorberflüssigkeit auf das Trinkwasser übergehen kann. Nach Abgabe der Energie an das Trinkwasser kühlt sich die Absorberflüssigkeit ab.

3.4 Speicher

Zu Abb. 3, Markierung (4)

Der Speicher dient bei einer Solarthermieanlage primär als Trinkwasserspeicher. In ihm wird das Wasser mit Hilfe der Absorberflüssigkeit oder einer Heizung auf die Wunschtemperatur gebracht. Die Speicher werden als bivalent bezeichnet, da sie zwei Wärmetauscher haben und sowohl von einer Heizung, als auch von einer Solaranlage betrieben werden können. Am Speicher sind über ein Rohrsystem alle Verbrauchsstellen im Haus angeschlossen.

3.5 Heizkessel

Zu Abb. 3, Markierung (5)

Wie bereits mehrfach ausgeführt, wird ein Heizkessel immer dann benötigt, wenn die Sonnenenergie nicht ausreicht, um die Absorberflüssigkeit und somit das Brauchwasser hinreichend zu erhitzen. Abbildung 4 zeigt den Solarertrag und den

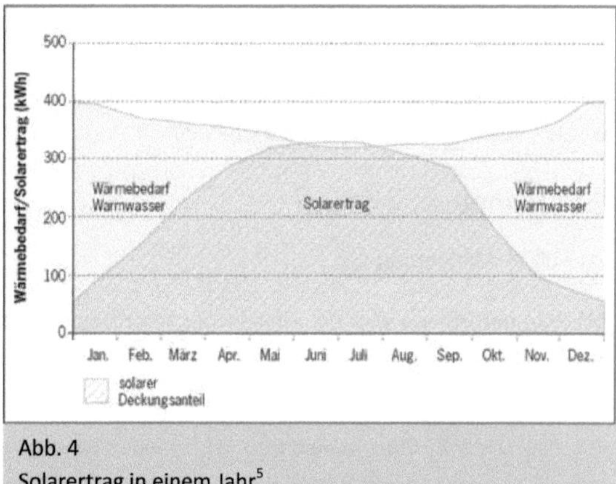

Abb. 4
Solarertrag in einem Jahr[5]

Warmwasser Wärmebedarf während eines Jahres. Der anwachsende „Hügel" in der Mitte der Graphik weist den Solarertrag in kWh aus. Dieser ist proportional zur monatlichen Sonneneinstrahlung und daher natürlich im Sommer größer als im Winter. In Spitzenzeiten liegt er während des Sommers bei über 300 kWh. Die helleren Bereiche der Graphik stellen den Wärmebedarf für Warmwasser in einem Jahr dar. Hieraus wird ersichtlich, dass im Winter, Frühjahr und Herbst der Wärmebedarf, der über eine Solarthermieanlage gewonnen werden kann, nicht ausreichend ist und somit durch ein herkömmliches Heizungssystem ein Ausgleich stattfinden muss. Neben dem Heizkessel, der elektrisch betrieben werden kann, gibt es auch Öl- und Gasheizungen, sowie neuere Systeme, wie zum Beispiel die Nutzung einer Wärmepumpe oder eines Pelletofens.[5]

3.6 Verbrauchsstellen

Zu Abb. 3, Markierungen (6)

Verbrauchsstellen sind die Warmwasseranschlüsse zum Beispiel am Waschbecken, an der Badewanne oder in der Dusche. Wichtig ist in diesem Zusammenhang auch eine gute Dämmung der Leitungen, um auf dem Weg vom Speicher hin zur Verbrauchsstelle möglichst wenig Energie zu verlieren. Um Strom einzusparen, ist es sinnvoll, spezielle Waschmaschinen oder Geschirrspüler zu verwenden, die direkt mit heißem Wasser versorgt werden können. Somit ist der stromintensive elektrische Heizvorgang in den Maschinen hinfällig.

---

[5] http://www.heizungsfinder.de/solarthermie/systeme/warmwasser (15.08.2011)

4. Ausprägungen von Solarthermieanlagen

Im Allgemeinen unterscheidet man bei Solarthermieanlagen hauptsächlich zwischen drei verschiedenen Typen, welche im Einsatzzweck variieren. Für die meisten Anlagen gilt jedoch, dass sie für die Warmwassergewinnung im Herbst und Winter in Mitteleuropa ein zusätzliches Heizsystem benötigen.

4.1 Anlangen ausschließlich für Warmwasserbereitung

Eine solche Anlage erwärmt „ausschließlich" das Trinkwasser. Für eine vierköpfige Familie gilt: „schon eine Kollektorfläche von 4 bis 6 Quadratmeter und ein Speichervolumen von etwa 300 bis 400 Litern sind für die Warmwasserbereitung im Einfamilienhaus ausreichend." [6] In Kapitel 9.1 werden die Kosten einer solchen Anlage vorgestellt. Mit diesem Anlagentyp können jährlich etwa 10% der Kosten für fossile Brennstoffe eingespart werden.

4.2 Anlagen mit zusätzlicher Heizungsunterstützung

Diese Art von Anlagen unterstützt neben der Warmwasserbereitung auch noch das Heizungssystem. Jedoch müssen aufgrund des erhöhten Wärmebedarfs sowohl die Kollektorflächen (in etwa 8 bis 10 Quadratmeter), als auch der Speicher wesentlich größer ausgelegt werden. Dieser ist im Vergleich zur reinen Warmwasseraufbereitung anders aufgebaut. Neben dem Trinkwassertank wird ein weiterer Tank im Speicher benötigt, der die Raumheizung versorgt. Es ist dabei anzumerken, dass es sich bei der Heizung um ein Niedertemperatursystem handeln sollte, um das erwärmte Wasser optimal für Heizzwecke nutzen zu können. Das Ziel dieser Anlagenvariante ist es, hohe Einsparungen beim Verbrauch der fossilen Brennstoffe zu erreichen. So wird behauptet, dass „[m]it dieser Anlage pro Jahr etwa 30 Prozent des Wärmebedarfs von der thermischen Solaranlage gedeckt werden [kann]. Voraussetzung für diese Leistung der Solarheizung ist jedoch ein gut wärmegedämmtes Haus." [7]

Weiterhin ist anzumerken, dass natürlich bei dieser Variante im Vergleich zu 4.1 eine höhere Investition getätigt werden muss.

Die Abbildung 5 stellt den Aufbau von Solarthermieanlagen mit und ohne Heizungsunterstützung gegenüber:

---

[6] http://www.heizungsfinder.de/solarthermie/systeme/warmwasser (15.08.2011)
[7] http://www.heizungsfinder.de/solarthermie/systeme/heizungsunterstuetzung (15.08.2011)

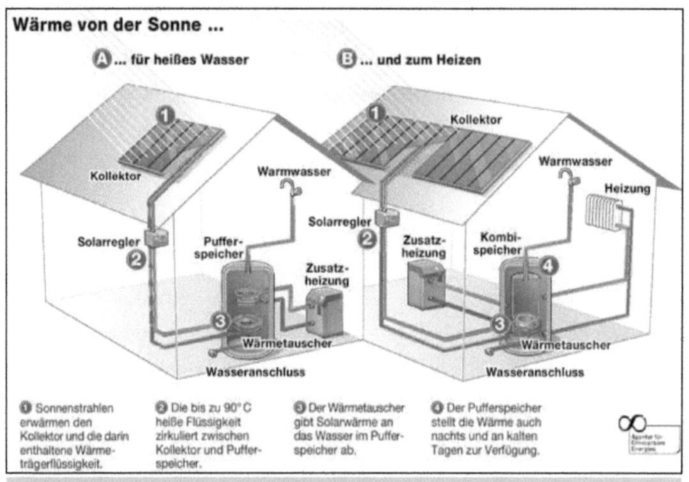

Abb. 5
Solarthermieanlage mit und ohne Heizungsunterstützung[8]

Ebenso wie Abbildung 4 zeigt auch die nachfolgende Abbildung 6 den Solarertrag pro Jahr. Jedoch wurde in dieser Graphik zusätzlich noch der Wärmebedarf für die Raumheizung hinzugefügt. Daraus ist ablesbar, dass besonders in den kälteren Monaten (November bis einschließlich Januar) die Solarthermieanlage die Raumheizung überhaupt nicht unterstützt. In diesen Monaten ist der Solarertrag so gering, dass auch das Brauchwasser nur geringfügig erhitzt werden kann. Während dieser Monate wird ein herkömmliches Heizungssystem zur Unterstützung benötigt.

Andererseits wird aber aus der Grafik 6 auch deutlich, dass in den Monaten Mai bis September der Solarertrag höher ist, als der Energiebedarf. Das Ziel muss es daher sein, die überschüssige Energie so zu speichern, dass sie in der kühleren Jahreszeit genutzt werden kann. Dieser Ansatz wird im Kapitel 6 am Beispiel der Firma Ebitsch nochmals aufgegriffen.

---

[8] http://www.solaranlagen-portal.com/solarthermie/nutzung/warmwasser (15.08.2011)

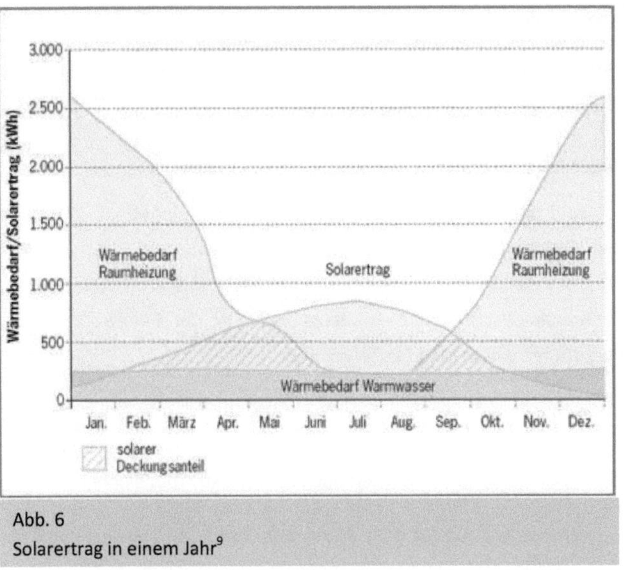

Abb. 6
Solarertrag in einem Jahr[9]

4.3 Bäderbetrieb

Eine weitere interessante Anwendung von Solarthermieanlagen kommt heute häufig bei Schwimmbädern beziehungsweise bei hauseigenen Pools zum Einsatz. Die Besonderheit einer solchen Anlage liegt darin, dass nur ein schwarzer Absorber ohne Absorberkasten auf einem Dach liegt und darüber das Badewasser erhitzt wird. Bei diesem Anwendungsfall wird kein Speicher benötigt, da dieser durch das Schwimmbecken dargestellt wird. Um den Wärmeverlust zu minimieren, sollte der Pool nach Möglichkeit in der Nacht abgedeckt werden, damit möglichst wenig Wärme entweichen kann. Außerdem werden noch verschiedene Solarregler und Pumpen benötigt, die den Solarkreislauf antreiben und steuern. Auf diese Weise kann man relativ einfach das Wasser auf bis zu 30 °C erwärmen. Das Beheizen öffentlicher Schwimmbäder ist natürlich um einiges komplexer, da mehrere Becken gleichzeitig erhitzt werden müssen. Zudem werden Bäder auch in sonnenscheinärmeren Monaten betrieben, so dass häufig noch eine konventionelle Heizung zum Einsatz kommt. Um eine gute Wärmeleistung zu erzielen, müssen die Absorber einzeln angesprochen und gleichmäßig von der Absorberflüssigkeit durchströmt werden.[10]

---

[9] http://www.solaranlagen-portal.com/solar/solarenergie/solarheizung (29.08.2011)
[10] http://www.heizungsfinder.de/solarthermie/systeme/baederbetrieb (29.08.2011)

5. Art der Solarmodule

Schon mehrfach wurde in dieser Arbeit darauf hingewiesen, dass es für verschiedene Einsatzzwecke auch verschiedene Kollektorarten gibt.

5.1 Flachkollektoren

Bei Flachkollektoren sind die Absorber in einem Kollektorkasten eingebaut, „der nach vorne durch eine Glasscheibe abgedeckt und zur Seite und nach hinten wärmegedämmt ist. Der Kollektorkasten besteht üblicherweise aus Aluminiumprofilen, teilweise auch aus Kunststoff oder Holz. In Deutschland ist der Flachkollektor die häufigste Kollektorbauart mit einem Marktanteil von 90%." [11]

Das Besondere an diesen Absorbertypen ist, dass sie bis zu 95% der Solarstrahlung absorbieren, aber nur 5% bis maximal 10% emittieren. Diese Werte verbessern die Kollektoreffizienz sehr. Solche Absorber werden auch als „selektiv" bezeichnet. [12]

„Das Absorberblech besteht aus Kupfer oder Aluminium. Aufgrund stark gestiegener Kupferpreise nimmt der Marktanteil von Aluminiumabsorbern deutlich zu. [...]

Eine technologische Herausforderung ist die Verbindung des Absorberblechs mit dem Rohrregister, in dem die Wärmeträgerflüssigkeit fließt. Die Verbindung muss über einen sehr langen Zeitraum und bei extremen Temperaturen und Temperaturschwankungen stabil sein und eine sehr gute Wärmeleitung ermöglichen." [12]

In Abbildung 7 ist der Aufbau eines Flachkollektors dargestellt. Man kann den mit Nr. 2 bezeichneten „Vollflächenabsorber" gut erkennen. In den Absorberrohren fließt das Wasser-Glykol-Gemisch von oben nach unten, welches sich durch die einstrahlende Sonne erwärmt und schließlich unter optimalen Gegebenheiten mit einer Temperatur zwischen 80 °C und 100 °C im Wärmetauscher ankommt. [13]

---

[11] http://www.solarthermietechnologie.de/technologie/kollektoren/flachkollektoren/ (29.08.2011)
[12] http://www.solarthermietechnologie.de/technologie/kollektoren/flachkollektoren/ (29.08.2011)
[13] http://www.kht-dresden.de/images/heating/solar-kollektor-1000x639.jpg (29.08.2011)

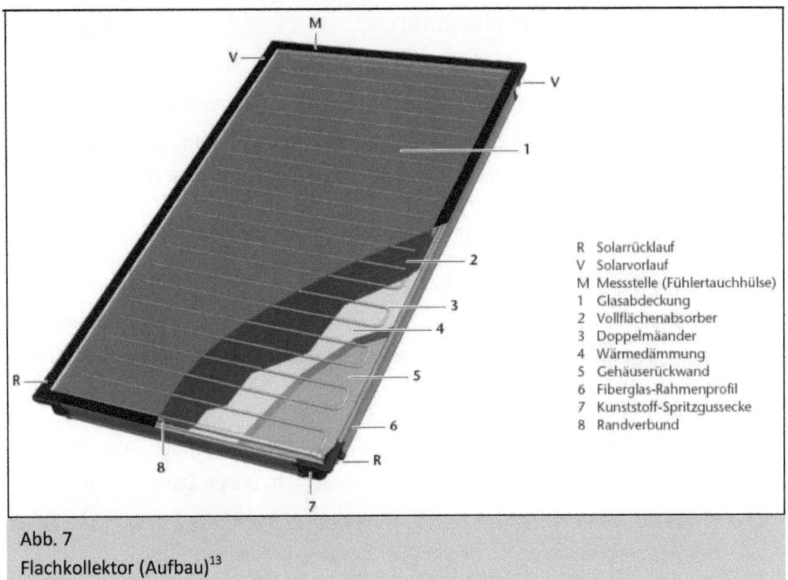

Abb. 7

Flachkollektor (Aufbau)[13]

Abbildung 8 veranschaulicht die physikalischen Vorgänge in einem Flachkollektor.

Es ist zu erkennen, dass bis zu 90% der Sonneneinstrahlung in den Kollektor und schließlich auf den Absorber treffen und die Trägerflüssigkeit erwärmen.

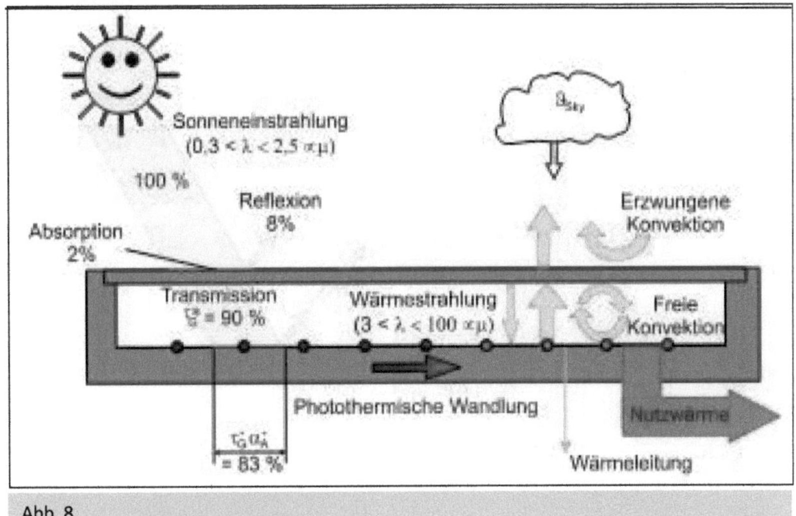

Abb. 8

physikalischen Vorgänge in einem Flachkollektor [14]

---

[13]   http://www.kht-dresden.de/images/heating/solar-kollektor-1000x639.jpg (29.08.2011)

[14]   http://www.solarthermietechnologie.de/technologie/kollektoren/flachkollektoren/ (31.08.2011)

5.2 (Vakuum-)Röhrenkollektoren

Bei den Vakuumröhrenkollektoren befindet sich der Absorber in einer Glasröhre, in der ein hoher Unterdruck herrscht. Durch das Vakuum wird der Wärmeverlust bei dieser Kollektorart im Gegensatz zu den Flachkollektoren deutlich vermindert. Ein solcher Kollektor besteht aus mehreren miteinander verbundenen Glasröhren (Abbildung 9).

Die Röhren haben prinzipiell zwei unterschiedliche Ausprägungen:

- **Direkte Durchströmung der Röhre**

  Bei dieser Variante durchfließt der Wärmeträger unterhalb des Absorbers die Röhre und wird so erhitzt. Der Absorber befindet sich als Streifen in der Röhre.

- **Heat-Pipe-Verfahren**

  Beim Heat-Pipe-Verfahren befindet sich in der Röhre unter dem Absorber eine Flüssigkeit, die bei Sonneneinstrahlung verdampft. Dieser Dampf steigt auf und erhitzt die Wärmeträgerflüssigkeit. Danach kondensiert der Dampf und fließt in den Absorber zurück. Dort beginnt der Vorgang wieder von vorne.

Durch die höhere Effizienz benötigen Röhrenkollektoren im Vergleich zu den Flachkollektoren eine geringere Fläche. Die durchschnittliche Arbeitstemperatur beträgt bei diesem Kollektortyp etwa 150°C und ist damit wesentlich höher als bei den Flachkollektoren.[15]

Abbildung 9 zeigt einen Vakuumröhrenkollektor im Einsatz und Abbildung 10 veranschaulicht noch einmal den Aufbau und die Funktion dieses Kollektortyps.

Abb. 9
Typischer Röhrenkollektor[16]

---

[15] http://www.solarthermietechnologie.de/technologie/kollektoren/vakuumroehrenkollektoren/ (31.08.2011)

[16] http://www.solarthermietechnologie.de/fileadmin/img/Technologie/Bilder/ Vakuumroehrenkollektor.jpg (02.09.2011)

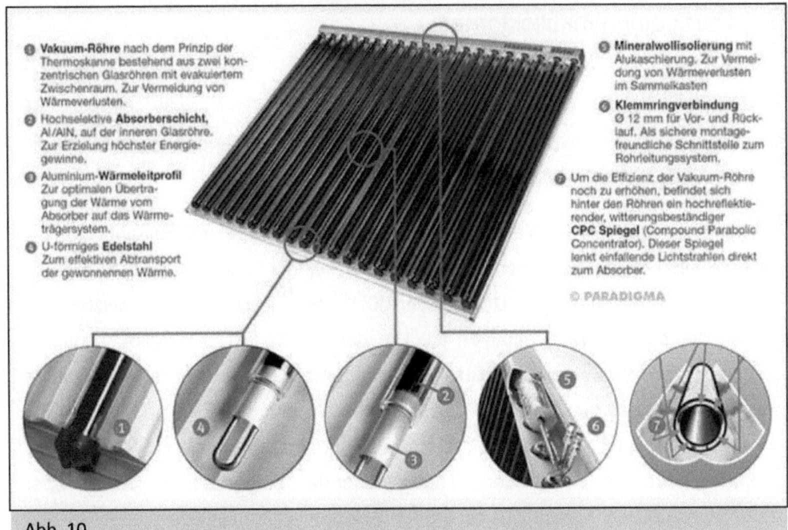

Abb. 10

Das Funktionsprinzip eines Vakuumröhrenkollektors[17]

Im Vergleich mit dem Flachkollektor ist der CPC-Röhrenkollektor (Compound Parabolic Concentrator) der Effektivste, da er nahezu keine Wärme mehr emittiert und zudem auf der Röhrenrückseite einen Spiegel nutzt (Abbildung 10, Markierung 7), um die Sonnenstrahlen optimal zu verwerten. Den geringen Wärmeverlust des CPC-Kollektors zeigt das nachfolgende Wärmebild (Abbildung 11) sehr gut.

Abb. 11

Wärmebild einer Flachkollektor-, Photovoltaik- und Vakuumröhren-kollektoranlage[18]

---

[17] http://www.paradigma-pauls.de/Bilder/Solar/Unbenannt-11.jpg (02.09.2011)

[18] http://www.paradigma-pauls.de/Bilder/Sga/ansicht1.jpg (24.09.2011)

5.3 Parabolrinnenkollektoren

Im Gegensatz zu den beiden bisher vorgestellten Kollektorarten wird der Parabolrinnenkollektor ausschließlich in großen Projekten von Firmen zur Energiegewinnung eingesetzt. Auch hier ist ein Absorber vorhanden, in dem sich die Wärmeleitflüssigkeit befindet.

Wie beim Vakuumröhrenkollektor gibt es auch hier eine Röhre auf die die Sonnenstrahlen fallen. Die Besonderheit dieses Kollektors liegt jedoch darin, dass es sich nur um eine Röhre handelt. Unter dieser Röhre verläuft ein Reflektor (meistens ein Spiegel), der parabelförmig gebogen ist. Um die Effektivität zu steigern, kann der Spiegel auch gekippt werden. Auf diese Weise ist gewährleistet, dass das Optimum an Lichtenergie während des Tages auf den Absorber fällt. Auch im Falle der Zerstreuung des Lichtes, z.B. durch eine Wolke, fällt immer noch genug Licht auf den Absorber und es kann auch an bedeckten Tagen Energie umgewandelt werden. Der Parabolrinnenkollektor kommt z.B. bei großen Solarkraftwerken in Südspanien wie den Andasol-Kraftwerken der Solar Millennium AG aus Erlangen zum Einsatz.

Die Funktion des Parabolrinnenkollektors ist in Abbildung 12 gut zu erkennen.

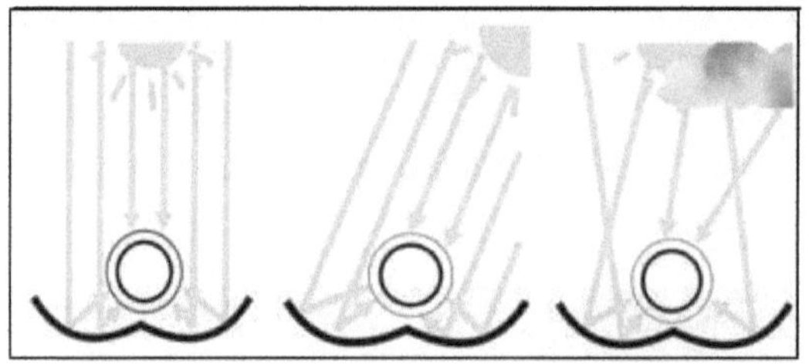

Abb. 12
Sonneneinstrahlung auf
Parabolrinnenkollektoren[19]

6. Praxisbeispiel der Firma Ebitsch

Als Beispiel für die Realisierung einer modernen Solarthermieanlage soll der neu entwickelte Saison Wärmespeicher SE 30 der Firma EBITSCH energietechnik GmbH aus Zapfendorf vorgestellt werden. Für diese Erfindung nahm der Firmengründer Horst Ebitsch den 5. Oberfränkischen Innovationspreis 2011 entgegen. Das Ziel des SE 30 besteht darin, sowohl die Brauchwassererwärmung, als auch die Heizung komplett durch Sonnenenergie ganzjährig abzudecken. Es soll also auf den Einbau einer Heizung und somit auf den Verbrauch fossiler Brennstoffe komplett verzichtet werden.

---

[19] http://www.paradigma-pauls.de/Bilder/Solar/sonne2.gif (24.09.2011)

Bei der Neuentwicklung durch die Fa. Ebitsch handelt es sich um einen Wärmespeicher, der viel effizienter arbeitet als herkömmliche Solarthermiesysteme. Der Erfinder benutzt dabei einen eckigen und nicht, wie sonst üblich, einen runden Wärmespeicher. Der wesentliche Unterschied zu herkömmlichen Lösungen besteht allerdings darin, dass der Speicher in Summe etwa 30 Kubikmeter Wasser fasst und somit eine sehr große Wassermenge aufnimmt. Im Inneren des Speichers sind drei voneinander getrennte Kammern vorhanden:

- Der Langzeitspeicher mit einem Fassungsvermögen von etwa 20 Kubikmeter

- Der Brauchwasserspeicher mit etwa 1 Kubikmeter

- Der Kurzzeitspeicher mit einem Fassungsvermögen von 9 Kubikmeter

Die Abmessungen betragen 2,55 Meter Breite, 7,20 Meter Länge und eine Höhe inklusive Wartungsschacht von bis zu 3,15 Meter. Der Speicher kann bei einem Neubau unter der Bodenplatte eines Wohnhauses, oder im Fall eines Altbaus ober- oder unterirdisch verbaut werden.

Abbildung 13 zeigt den Aufbau des SE 30

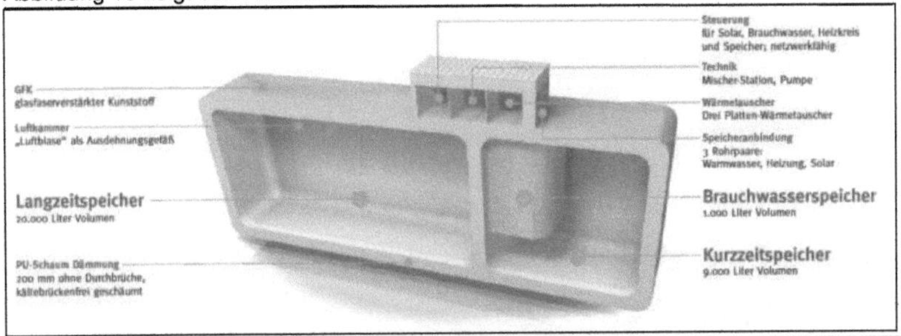

Abb. 13
Aufbau des Saisonalen Wärmespeichers SE 30[20]

Die Außenwand des SE 30 besteht aus einem speziellen Kunststoff und einer 20 Zentimeter starken PU-Schaumdämmung. Der Behälter hat einen K-Wert von 0,1 Watt/Quadratmeter, somit weist er also einen geringen Wärmeverlust auf. Ausschließlich im Wartungsschacht befindet sich die gesamte Technik. Hierzu gehört der Wärmetauscher, hier verwendet die Fa. Ebitsch einen sogenannten „drei Platten-Wärmetauscher", bei dem über Edelstahlplatten die Energie dem Wasserspeicher zugeführt wird. Weiterhin sind im Wartungsschacht eine Mischerstation, eine Pumpe,

---

[20] http://www.ebitsch-energietechnik.de/images/saisonspeicher/speicher_schnitt_2.jpg (24.09.2011)

sowie die Steuerung (siehe Abbildung 13) untergebracht. Für Wartungsarbeiten kann der eingebaute Netzwerkanschluss genutzt werden, so kann im Fehlerfall remote auf die Anlage zugegriffen werden.

Beim SE 30 wird die sogenannte Schichtladung zum Einsatz gebracht. Es wird die physikalische Eigenschaft des Wassers ausgenutzt, wonach heißes Wasser leichter wird und innerhalb des Speichers aufsteigt. Dadurch entstehen die Schichten von kalt (unten) nach warm (oben). Durch eine spezielle Technik, die von der Fa. Ebitsch patentiert ist, und nicht publiziert wird, gelingt es, das durch die Sonne erhitzte Wasser dem Pufferspeicher geschickt an den Stellen zuzuführen, an denen sich bereits Wasser mit ähnlicher Temperatur befindet. Die Entnahme des Wassers geschieht analog. So wird immer Wasser aus der Schicht entnommen, die die gewünschte Temperatur hat.[21] Das Herunterkühlen durch Beimischung kalten Wassers soll damit vermieden werden.

Die Sonnenergie zur Erwärmung des Speicherwassers wird über Flachkollektoren aufgenommen. Allerdings setzt diese Lösung eine optimal nach Süden ausgerichtete Kollektorfläche von 48 Quadratmetern voraus. Ein sogenanntes solarAKTIVhaus bei dem diese Technik realisiert wurde, kann Am Pfaffenbrunnen 1 in Breitengüßbach besichtigt werden.

7. Eigener Versuchsaufbau

In einem Versuch wurde die Wirkungsweise eines Flachkollektors in einem kleinen Modell nachgebaut, um dessen Funktion darzustellen.

7.1 Modellaufbau

Das Modell besteht aus folgenden Komponenten (Abbildung 14):

- PVC Schlauch (schwarz)

- Gipskartonplatte mit Styropor

- Holzrahmen aus Dachlatten

- Getönte Glasscheibe

---

[21] Fränkischer Tag vom 17./18. März 2011 (Seite 30)

Um die Gipskartonplatte wurde ein Holzrahmen gebaut, der der Gesamtkonstruktion die nötige Stabilität verleiht. Das Styropor auf der Gipskartonplatte wurde so ausgeschnitten, dass darin der PVC-Schlauch verlegt werden konnte.

Es sollte nun der Einfluss des PVC-Schlauchs und der getönten Glasscheibe auf die Wassererwärmung durch die Sonne untersucht werden.

Beim ersten Versuch wurden 0,5 Liter Wasser in den PVC-Schlauch gefüllt und nach festgelegten Zeiten wurde die Temperatur mittels eines Thermometers ermittelt.

Beim zweiten Versuch (ebenfalls 0,5 Liter Wasser) wurde zusätzlich eine getönte Glasscheibe vor dem PVC-Schlauch angebracht und analog dem ersten Versuch wurden auch hier die Temperaturen gemessen.

7.2 Ergebnisauswertung

Der Versuch wurde am 16. August 2011, einem sonnigen Sommertag, durchgeführt.
Das Wasser hatte bei allen Versuchen eine Ausgangstemperatur von 19 °C.

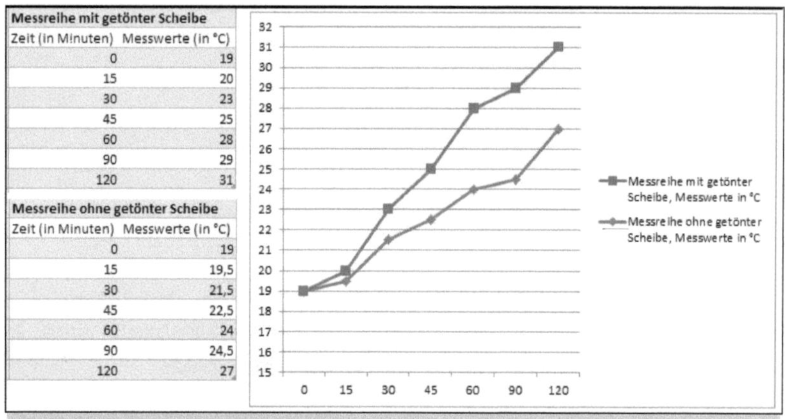

Abb. 16
Eigene Messergebnisse

Das Diagramm (Abb. 16) zeigt den Temperaturanstieg des Wassers im PVC-Schlauch.
Immerhin stieg die Wassertemperatur in zwei Stunden auf 27 °C. Durch den
zusätzlichen Einsatz der getönten Glasscheibe konnte in der gleichen Zeit eine
Temperatur von 31 °C erreicht werden. Der Wasserinhalt im Becher (ebenfalls 0,5 Liter)
wurde durch die Sonne in 120 Minuten vergleichsweise lediglich um 2 °C erwärmt.

8. Wirkungsgrad von thermischen Solaranlagen

Um Solarthermieanlagen zu vergleichen, ist es nötig, den Wirkungsgrad zu ermitteln:

„Die thermischen Verluste können mit Hilfe der Wärmeverlustkoeffizienten k_1 und k_2
berechnet werden, wenn die Temperaturdifferenz dT [z]wischen [sic!] Sonnenkollektor
und Umgebung bekannt ist. k_1 wird in W/(qm*K) und k_2 in W/(qm*K^2) angegeben, d.h.
Watt pro Quadratmeter und Kelvin bzw. Watt pro Quadratmeter und Kelvin zum
Quadrat. [...]

Um die nutzbare Wärmemenge zu berechnen, multipliziert man zuerst die
angenommene Solarstrahlungsleistung (in W/qm) mit dem optischen Wirkungsgrad η_0
und zieht vom Ergebnis die (thermischen) Wärmeverluste ab:"[22]

$$\text{Nutzbare Wärme (W/qm)} = \text{Einstrahlung (W/qm)} * \eta_0 - k_1 * dT - k_2 * dT * dT \quad [22]$$

---

[22] http://www.bastelitis.de/wirkungsgrad-von-thermischen-solaranlagen/ (01.11.2011)

Ein Beispiel[23]:

- Die Solarstrahlung auf den Sonnenkollektor beträgt 800W/qm
- Der Sonnenkollektor hat eine Temperatur von 90 °C
- Die Umgebungstemperatur liegt bei 25 °C
- Der Wirkungsgrad η_0 beträgt 80%
- k_1 und k_2 sind mit k_1=4W/m/K und k_2=0.01W/m/K gegeben

Zwischenrechnung: Temperaturdifferenz dT: 90 °C – 25 °C = 65 °C

$\Rightarrow$ Nutzbare Wärme = 800 * 0.8 – 4*65 – 0.01*65*65 = 338 W/qm

Die Werte für k_1 und k_2 können dem Datenblatt der Kollektoren entnommen werden.

Die Temperaturdifferenz kann sowohl in Kelvin oder in °C ermittelt werden.

Für die Berechnung des Wirkungsgrades (80%) werden folgende Faktoren[23] berücksichtigt:

1. Reflexion der Solarstrahlung an der Oberseite der Glasabdeckung (1,5-4%)
2. Absorption in der Glasabdeckung (1%)
3. Reflexion an der Unterseite der Glasabdeckung (1,5-4%)
4. Reflexion am Absorber (5%)
5. Emission von Wärmestrahlung vom Absorber (5-12%)

9. Rentablitätsvergleich zweier Anlagen im Rahmen einer Kosten-Nutzen-Analyse

Abschließend sollen zwei Solarthermieanlagen miteinander verglichen werden. Hierzu wurde ein Angebot der Fa. Dippold, Dörfleinser Straße 18, 96103 Hallstadt eingeholt und mit dem SE 30 der Fa. Ebitsch aus Zapfendorf verglichen. Bei der Realisierung der Fa. Ebitsch ist zu berücksichtigen, dass auf den Einbau einer Heizung inklusive Zubehör komplett verzichtet werden kann.

9.1 Solarthermieanlage mit Brauchwassererwärmung

Bei der Zusammenstellung der Kosten blieben sowohl die Installationsmaterialien und die Montagekosten unberücksichtigt. Es wurden lediglich die Kosten für die Heizung, für den Warmwasserboiler und für die Sonnenkollektoren betrachtet. Aus dem umfangreichen Angebot der Fa. Dippold wurde demnach die Position 3 entnommen:

---

[23] http://www.bastelitis.de/solarertrag-von-thermischen-solaranlagen-berechnen/ (01.11.2011)

Gasbrennwertkessel mit Zubehör   6.873,79 €

inklusive 300 Liter Speicher und Flachkollektoren

Ferngasanschluss durch EON Bayern   ca.   3.000,00 €

Gesamtinvestition   (netto) 9.873,79 €

Zu den Anschaffungskosten kommt der laufende jährliche Gasverbrauch. Bei einem 4-Personen Haushalt wird unter Berücksichtigung der Brauchwassererwärmung durch die Solarthermieanlage ein Verbrauch von 15.000 KWh angesetzt. Bewertet mit den aktuellen Preisen des Energieversorgers EON (Tarif E.ON OptimalErdgas Stand 18.10.2011, Arbeitspreis pro Kilowattstunde 5,71 Cent inkl. Steuer, Grundpreis jährlich 171,36 Euro inkl. Steuer) ergeben sich Kosten in Höhe von 1.027,86 €.

Vorausgesetzt die Energiekosten bleiben konstant, würden bei einer 20-jährigen Nutzung der Anlage Gesamtkosten von 30.430,99 € anfallen, aufgeteilt in die Herstellungskosten in Höhe von 9.873,79 € und in die Verbrauchskosten in Höhe von 20.557,20 € (20 Jahre * 1.027,86 €).

9.2   Solarthermieanlage am Beispiel SE 30 der Firma Ebitsch

Die Firma Ebitsch nannte für den SE 30 einen Preis von 30.000 €. Die Sonnenkollektoren, die eine Fläche von 48 Quadratmeter belegen, wurden mit einem Preis von 20.000 € beziffert, womit sich die Gesamtkosten auf 50.000 € belaufen. Mit dieser Investition sind künftig sowohl die Warmwassererzeugungskosten, als auch die Heizkosten abgedeckt. Lediglich die Stromkosten für den Betrieb der Steuerung und der Technik sind natürlich noch zu berücksichtigen.

9.3 Auswertung der beiden Beispiele

Der Kostenvergleich bei einer angenommenen 20-jährigen Nutzung der Gasheizung spricht zunächst eindeutig für die Kombination eines Gasbrennwertkessels mit Solarthermie der Fa. Dippold. Die Gesamtkosten belaufen sich in diesem Fall auf 30.430,99 € im Vergleich zu 50.000 € bei der Lösung der Fa. Ebitsch. Unbekannt ist allerdings natürlich die Entwicklung des Gaspreises. In der Modellrechnung wurde ein konstanter Gaspreis angenommen. Erfahrungen aus der Vergangenheit haben aber gezeigt, dass der Preis oftmals in den letzten Jahren sehr stark gestiegen ist.

Nach einer Nutzungszeit von 20 Jahren ist außerdem davon auszugehen, dass der Gasbrennwertkessel ausgetauscht werden muss, wodurch weitere Kosten entstehen.

Beim Einsatz der Gasbrennwertheizung fallen pro Jahr etwa 4.800 kg Kohlenstoffdioxid an. Auf die Gesamtnutzungszeit von 20 Jahren sind das rund 96.000 kg! (vgl. Abb. 17)

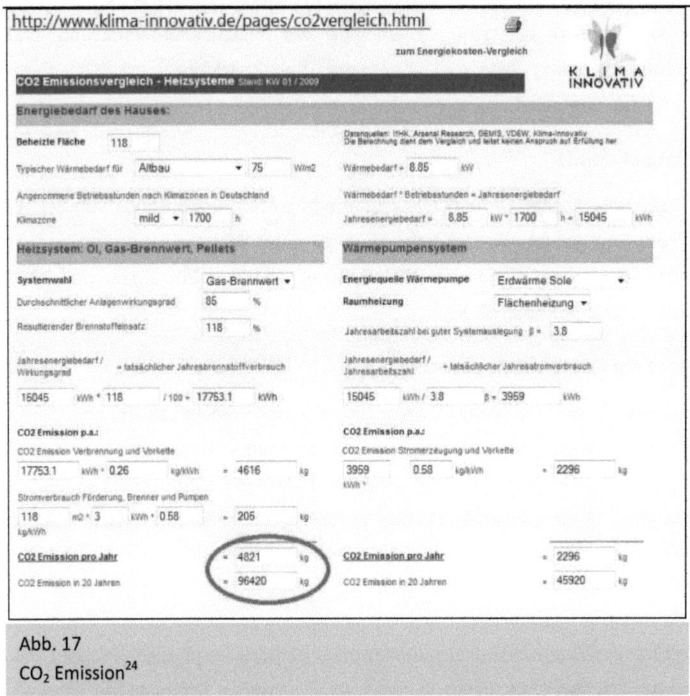

Abb. 17
CO_2 Emission[24]

Aus ökologischer Sicht ist daher anzumerken, dass beim SE 30 kein schädliches Kohlenstoffdioxid-Gas entweicht, da für die Heizung und die Warmwasserbereitung keine fossilen Brennstoffe verbraucht werden. Aus Umweltgesichtspunkten ist die Lösung Saison Speicher SE 30 eindeutig zu bevorzugen. Es bleibt nur zu hoffen, dass derart umweltfreundliche Lösungen der Firma Ebitsch zukünftig weiterentwickelt und preislich attraktiver gestaltet werden, denn aus rein wirtschaftlichem Aspekt liegt die Anlage der Fa. Dippold klar vorne.

---

[24] http://www.klima-innovativ.de/pages/co2vergleich.html (02.11.2011)

10. Staatliche Fördergelder

Deutschland fördert die Errichtung und Erneuerung von Solarthermieanlagen hauptsächlich für Altbauten. Hierzu folgende Beispiele[25]:

- **Basisförderung**

  Bei einem Umstieg auf eine Solaranlage zur Heizungsunterstützung und Warmwassererzeugung wird der Kauf der Solarkollektoren mit 120 €/qm Kollektorfläche unterstützt.

- **Kesseltauschbonus**

  Für den Austausch alter Öl- und Gaskessel erhält man einen Bonus von 600 €. Dieser Bonus gilt jedoch nur in Kombination mit einer Warmwasserbereitung und Heizungsunterstützung durch eine Solaranlage. Ab dem 30. Dezember 2011 beträgt der Bonus nur noch 500€.

- **Regenerativer Kombinationsbonus**

  Ebenfalls 600 € werden gezahlt, wenn alte Öl- oder Gaskessel durch solares Heizen in Kombination mit anderen erneuerbaren Energien (z.B. einer förderfähigen Biomasseanlage oder einer förderfähigen Wärmepumpenanlage) ersetzt werden. Auch dieser Bonus wird ab dem 30. Dezember 2011 auf 500 € herabgesetzt.

11. Fazit

Das Thema Energieeinsparung wird zukünftig eine wichtige Rolle spielen. Jeder von uns ist gefordert mit den begrenzten Ressourcen an fossilen Brennstoffen sparsam umzugehen. In diesem Zusammenhang ist es wichtig, die „kostenlose" Sonnenenergie möglichst effektiv zu nutzen. Hier eignet sich die Solarthermie hervorragend, da sie verschiedene Möglichkeiten bietet. So kann zwischen technisch ausgereiften Lösungen gewählt werden, die zum Beispiel eine „reine" Warmwasserbereitung oder eine zusätzliche Heizungsunterstützung anbieten. Mittlerweile ist es auch schon möglich bei Passivhäusern komplett ohne Heizung auszukommen. Wichtig ist in diesem Zusammenhang die Notwendigkeit einer guten Dämmung der Häuser, damit kann viel Energie eingespart werden. Jeder sollte seinen eigenen Beitrag zu einer Kohlenstoffdioxid-Reduktion leisten und so die Umwelt entlasten.

---

[25] http://www.bafa.de/bafa/de/energie/erneuerbare_energien/bonusfoerderung/index.html (01.11.2011)

12.   Literaturverzeichnis

Bilder

http://www.pv-ertrag.com/bilder/globalstrahlungskarte.jpg (23.04.2011)
http://www.tcidg.de/agenda21/assets/images/Erde.jpg (23.04.2011)
http://www.selztal-solar.de/assets/images/2-2_schema-solarthermie1.jpg (08.08.2011)
http://www.solarthermietechnologie.de/fileadmin/img/Technologie/Bilder/
Vakuumroehrenkollektor.jpg (02.09.2011)
http://www.paradigma-pauls.de/Bilder/Solar/Unbenannt-11.jpg (02.09.2011)
http://www.paradigma-pauls.de/Bilder/Sga/ansicht1.jpg (24.09.2011)
http://www.paradigma-pauls.de/Bilder/Solar/sonne2.gif (24.09.2011)
http://www.ebitsch-energietechnik.de/images/saisonspeicher/speicher_schnitt_2.jpg
(24.09.2011)

Quellen

http://www.buch-der-synergie.de/c_neu_html/c_04_01_sonne_geschichte_1.htm
(25.04.2011) http://www.buch-der-
synergie.de/c_neu_html/c_04_02_sonne_geschichte_2.htm (25.04.2011)
http://www.buch-der-synergie.de/c_neu_html/c_04_03_sonne_geschichte_3.htm
(25.04.2011)
http://www.heizungsfinder.de/solarthermie/systeme/warmwasser (15.08.2011)
http://www.heizungsfinder.de/solarthermie/systeme/warmwasser (15.08.2011)
http://www.heizungsfinder.de/solarthermie/systeme/heizungsunterstuetzung
(15.08.2011)
http://www.solaranlagen-portal.com/solarthermie/nutzung/warmwasser (15.08.2011)
http://www.solaranlagen-portal.com/solar/solarenergie/solarheizung (29.08.2011)
http://www.heizungsfinder.de/solarthermie/systeme/baederbetrieb (29.08.2011)
http://www.solarthermietechnologie.de/technologie/kollektoren/flachkollektoren/
(29.08.2011)
http://www.solarthermietechnologie.de/technologie/kollektoren/flachkollektoren/
(29.08.2011)
http://www.kht-dresden.de/images/heating/solar-kollektor-1000x639.jpg (29.08.2011)
http://www.solarthermietechnologie.de/technologie/kollektoren/flachkollektoren/
(31.08.2011)
http://www.solarthermietechnologie.de/technologie/kollektoren/vakuumroehrenkollektor
en/ (31.08.2011)
http://www.bastelitis.de/wirkungsgrad-von-thermischen-solaranlagen/ (01.11.2011)
http://www.bastelitis.de/solarertrag-von-thermischen-solaranlagen-berechnen/
(01.11.2011)
http://www.klima-innovativ.de/pages/co2vergleich.html (02.11.2011)
http://www.bafa.de/bafa/de/energie/erneuerbare_energien/bonusfoerderung/index.html
(01.11.2011)

DVD

Solar Millennium – Wir entwickeln die Zukunft! We are developing the future! (DVD)

Zeitungsartikel

Fränkischer Tag vom 17./18. März 2011 (Seite 30)